地震と私たちの暮らし

② 守る・救う技術

土佐清水ジオパーク推進協議会 事務局長

土井恵治 監修

保育社
HOIKUSHA

はじめに

「地震」と聞いて、みなさんはどんな場面を思い浮かべるでしょうか。

> 何かが
> ぶつかったような
> ドシンという
> 音がする

> 建物が大きく
> 揺れて家具が
> ガタガタと
> 大きな音を立てる

> 揺れたあとの
> 津波が心配で
> 避難の準備をする

> たくさんの
> 建物が壊れる

地域によって地震の揺れを感じる回数が違うので、想像する様子はいろいろあるでしょう。揺れを感じる回数が少ない地域でも、ひとたび大きな地震があると、そのあと揺れがくり返し続きます。実際にそのような地震や避難生活を経験した人は、怖くて心細い思いをし、不自由を感じたと思います。

日本では毎年のように、地震による被害が発生しています。地震を止めることはできませんが、みなさんが少しでも安心して暮らしていけるように、地震とはどういうものなのか、災害を減らすためにはどうしたらいいかについて、「地震と私たちの暮らし」を視点に、3つのテーマに分けて本を作りました。それぞれ1冊にまとめて紹介します。

第2巻では、「守る・救う技術」について取り上げます。日本の周辺ではなぜ地震が多く起きるのか。その地震を知るために、どんな調査や研究が行われているのか、災害を減らすための対策、災害が起きたときに用いられる技術についてまとめました。

地震とはどのような現象なのかを学び、地震災害や対策について、みなさんが考えるための参考としてください。

土佐清水ジオパーク推進協議会 事務局長
土井恵治

チェックしよう！

学びのポイントには、このマークが付いています。

 地震から得た教訓をもとに、新しくできた取り組みなどを紹介しています。

もくじ

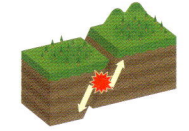
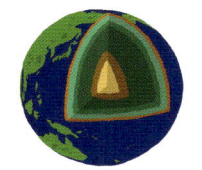

©JAXA

この本の内容や情報は制作時点（2024年12月）のものであり、今後内容に変更が生じる場合があります。

どうして日本は地震が多いの？

日本周辺では、世界で起こる地震の約2割が起こっているとされています。これには地理的な条件が大きく関わっており、調査や研究が進んでいます。ここでは地震が起こるまでの大きな流れを見てみましょう。

1 プレートが押し合いをする

地球の表面は、十数枚の厚さ100kmにもなる巨大な板状のプレート（岩盤）におおわれていて、日本列島はユーラシアプレート、北アメリカプレート、太平洋プレート、フィリピン海プレートの4つのプレートが接する場所の上にあります。

プレートはそれぞれが1年間に数cmという、とてもゆっくりとしたスピードで動き、プレート同士が接する場所では、それぞれが押し合いへし合いをして地下の岩盤に強い力がかかっています。

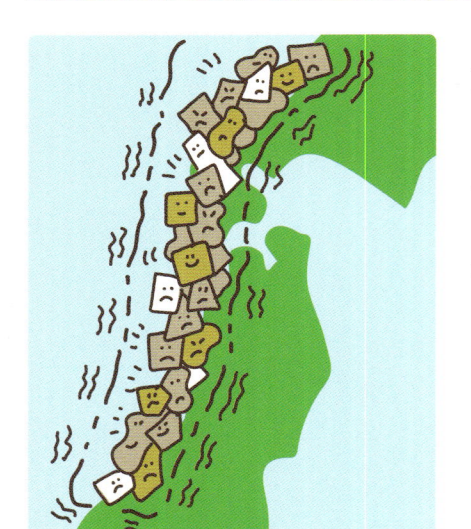

岩盤に強い力が加わると、形がゆがんでいきます。これを「ひずみ」といい、地震を起こす力の原因となります。ひずみのたまり方は、地域によってかたよっていて、日本列島には2つの大きなひずみ集中帯があります。ひずみ集中帯は、ほかの地域と比べて地震が起きやすい場所と考えられています。

2 岩盤にひずみがたまっていく

③ 岩盤が ひび割れて 大きくずれ動く

ひずみがどんどん大きくなると、岩盤がたえられなくなってひび割れができます。そのひび割れや、これまでの地震でできた断層に沿って短時間に大きく縦や横に岩盤が動きます。これが地震です。

断層とは、地下の岩盤が割れたりずれたりして起こる地層の食い違いのことで、日本列島と周辺海域にたくさんある断層が縦や横にずれることで、地震が発生しているのです。

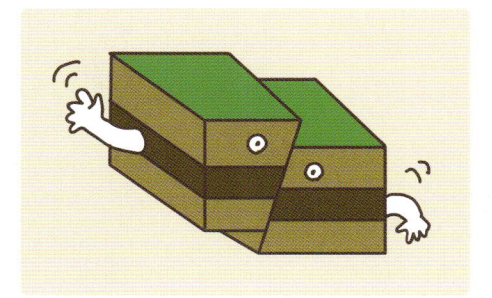

いくつもの条件が重なって 地震は多くなっているよ

ひずみ集中帯

\大陸プレート/ **北アメリカプレート**

日本海東縁ひずみ集中帯

千島海溝

\大陸プレート/ **ユーラシアプレート**

新潟－神戸ひずみ集中帯

\海洋プレート/ **太平洋プレート**

日本海溝

4つのプレートの境界の上

駿河トラフ

相模トラフ

列島には地震の傷あと（活断層）がわかっているだけで約2000も！ （▶15ページ）

伊豆・小笠原海溝

南海トラフ

━ 活断層

\海洋プレート/ **フィリピン海プレート**

地震通知連絡会会報第90巻、地震本部「主要活断層の評価結果」2024年1月15日公表をもとに作成

最先端をいく
日本の地震研究

》 大地の動きを測る 《

全球測位衛星システム「GNSS（ジーエヌエスエス）」

GNSS で観測データを集める

地震の最新研究のなかでも注目を集めているのが、大地のひずみの変化を人工衛星でとらえようというものです。人工衛星を利用して地上の位置を計測する全球測位衛星システム（GNSS）は、たとえばスマートフォンの位置情報で用いられる GPS がよく知られています。

GNSS を使って大地の動きをくわしく調べて、ひずみがどの地域に集中しているか、地震の前後で大地がどのように動いたかなど地震に関する研究が進められています。

> GNSS を使って電波が届かない海底の動きを観測する技術も開発されているよ

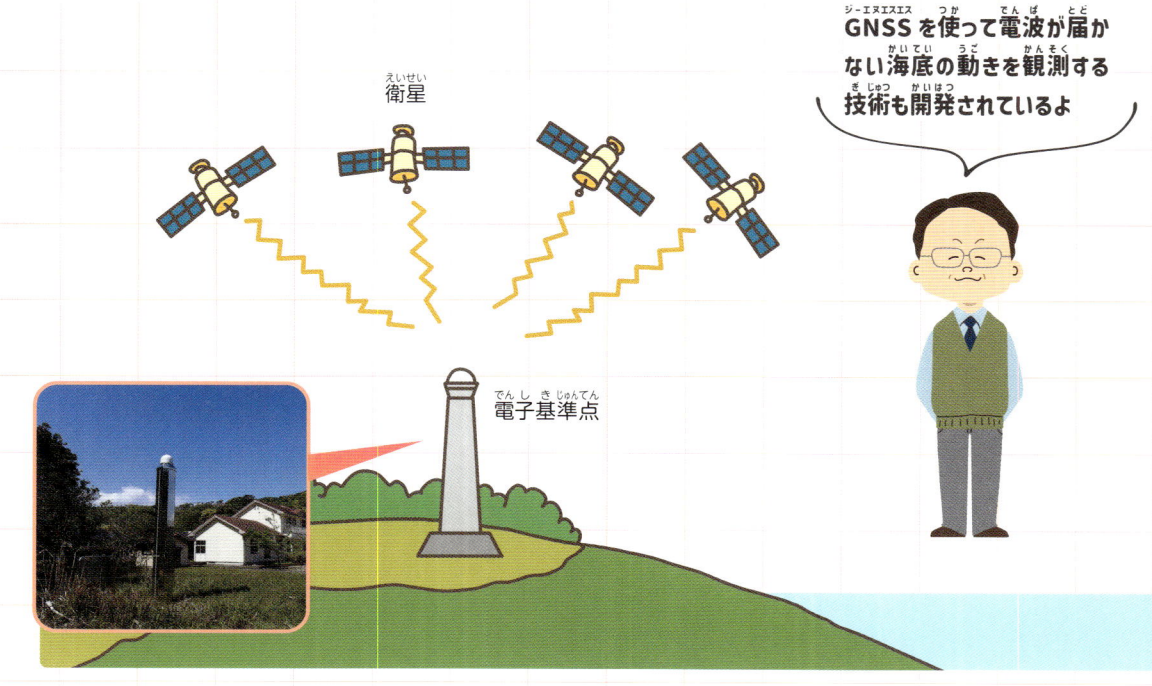

衛星

電子基準点

世界的にみても地震の発生が多く、これまで何度も地震災害に見舞われてきた日本。各地で地震の観測や調査が行われており、これらのデータに基づいて、地震のしくみの解明や備えなどに関する最先端の研究が行われています。

地震後にできた！

》 地震・津波・火山を測る 《

陸海統合地震津波火山観測網「MOWLAS（モウラス）」

! 陸と海底にさまざまな地震計を設置

地震が実際にどこで起きているかを調べるためには、地震計が必要です。1995（平成7）年の阪神・淡路大震災をきっかけに、日本全国にさまざまな種類の地震計が整備され、地震の監視や研究が進んでいます。

国の研究機関である防災科学技術研究所は、陸上に高感度地震計、強震計、広帯域地震計の3種類の地震計を整備して、体に感じないほどのとても弱い振動から大きな被害をおよぼす強震動まで、さまざまな揺れを観測しています。また、気象庁や大学なども地震計を整備しています。

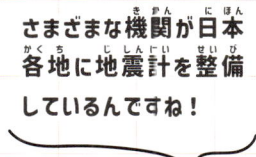

さまざまな機関が日本各地に地震計を整備しているんですね！

高感度地震計だけでも全国約 1500 の地震観測施設に整備されているよ

! 緊急地震速報や津波検知を早くする

海域で発生する地震は、陸の地震計だけでは地震が起きている場所がくわしく調べられないため、海底にも地震計を整備しています。2011（平成23）年の東日本大震災をきっかけに、東北地方の東方沖に整備された日本海溝海底地震津波観測網（S-net）をはじめ、紀伊半島沖の地震・津波観測監視システム（DONET）、四国沖の南海トラフ海底地震津波観測網（N-net）があり、合わせて約 240 か所に地震計・津波計が整備されています。

これにより、緊急地震速報（▶ 20 ページ）の発表や津波の検知が早くなっています。

≫ 大地の構造を知る ≪

地球深部探査船「ちきゅう」

世界最高レベルの掘削能力

地震が起こるしくみや原因を知るためには、海底の下にある断層を直接調べることも重要です。そこで活躍しているのが、地球深部探査船「ちきゅう」です。全長210m、幅38m、船底からの高さは130mの巨大な船で、ライザー掘削*では海底下およそ7000mまで掘削する（掘る）ことができます。

その能力でプレート境界の物質を調べたり、ドリルで開けた穴に地震計や温度計などの機器を入れたりして海底の岩盤の状態を調べ、地震発生のしくみを解明するための研究をしています。

地球深部探査船「ちきゅう」
©JAMSTEC/IODP

「ちきゅう」は長くつないだドリルで海底を掘っているんですね！

地質に合わせてドリルの先につける刃をかえているよ

スロースリップの解明にも貢献

プレートの境界では、プレート同士が通常は固くくっついている場所の一番深いところや海底近くの浅いところで、ごく弱い地震波（▶18ページ）を出す現象（低周波微動）が起きていることがわかってきました。

低周波微動が起きているときは、プレートの境界が少しずつずれ動いています。これを「スロースリップ（ゆっくりすべり）」といいます。「ちきゅう」が掘った南海トラフのプレート境界のごく浅いところの物質をくわしく調べたことにより、巨大地震を起こす「高速なすべり」とスロースリップの両方が同じ場所で発生していることが、世界で初めて明らかになりました。

プレートの境界で起きる地震（▶12ページ）を知るためにも、プレートの状態をくわしく調べることが重要なのです。

スロースリップは2種類に分けられる

短期的
ゆっくりすべり ····· 1週間ほどかけて発生

長期的
ゆっくりすべり ····· 数か月〜数年かけて発生

＊ライザー掘削……船上と海底をライザーパイプでつなぎ、その中にドリルパイプを降ろして、特殊な泥水を流して掘り進める技術

南海トラフ地震に備えるために

▶ 地震は同じ場所でくり返し起きている

地震は、とても長い時間の範囲でみると、同じ場所でくり返し起こっています。

なかでも、静岡県の駿河湾から紀伊半島の南側をへて、高知県沖から九州の東の日向灘に至る「南海トラフ」と呼ばれている海底の区域は、歴史的にくり返し大きな地震が起きた場所として知られています。

遠くない将来に起こることが予想されている次の南海トラフ地震に備えるために、日々研究が行われているのです。

おおよそ100〜200年の間隔で起きているんだって！

南海トラフで発生した大規模な地震

西暦	発生した地震
684年	白鳳（天武）地震
887年	仁和地震
1096年	永長東海地震
1099年	康和南海地震
1361年	正平（康安）東海地震
1361年	正平（康安）南海地震
1498年	明応地震
1605年	慶長地震
1707年	宝永地震
1854年	安政東海地震
1854年	安政南海地震
1944年	昭和東南海地震
1946年	昭和南海地震

203年 / 209年 / 3年 / 262年 / 137年 / 107年 / 102年 / 147年 / 90年 / 2年

32時間後に発生

出典：気象庁

日向灘域　南海域　東海域

南海トラフ

▶ 南海トラフ地震臨時情報とは？

南海トラフ地震の発生の可能性が高まった場合などに、気象庁から発表されるのが南海トラフ地震臨時情報です。「調査中」、「巨大地震警戒」、「巨大地震注意」、「調査終了」の4種類があり、政府や自治体からそれぞれに応じた対応が呼びかけられます。

いつ発表されるかわからないため、日ごろから地震への備えが大切です。

南海トラフ地震臨時情報（巨大地震注意）は、2024年8月に初めて発表されたよ

地震が発生するしくみと揺れ

地球の内部構造

　地球の構造は、中心部分がニッケルや鉄などの金属でできた「コア（核）」、そのまわりには岩石でできた「マントル」、もっとも外側が「地殻」となっています。

　マントルの上部は、やわらかくてゆっくりと動いています（対流）。マントル上部の一部と地殻がプレートとなり、マントルの対流運動によって少しずつ動き、プレートがぶつかり合うことが、地震を起こす原因となっています。

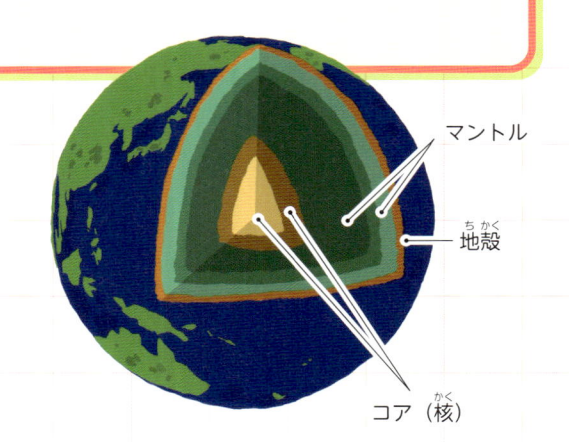

マントル

地殻

コア（核）

断層

大陸プレート

❸ 内陸で起きる地震　▶ 14 ページ

❶ 海溝型（プレート境界型）地震　▶ 12 ページ

地震には種類がいくつかあります。どのようにして地震や揺れが起きているか、また、地震波を検知して知らせる緊急地震速報についても見てみましょう。

🏠❗ プレートがぶつかり合うところで地震は発生する

　地球をおおっているプレートがぶつかり合うところでは、岩盤に大きな力が加わるため、地震発生地帯となっていて、地球上のほとんどの地震がここで起こります。

　特に日本周辺では海洋プレートが大陸プレートの下に沈み込む「プレート沈み込み帯」にあたり、発生する地震は「海溝型（プレート境界型）地震」、「海洋プレート内地震」、陸域の浅いところで発生する「内陸で起きる地震」の3つの種類に分けられています。

プレートが沈み込んでいる場所は深い溝になっていて、水深 6000m 以上だと海溝、それより浅いとトラフと呼ばれているよ

海洋プレート

アウターライズ地震　▶ 13 ページ

❷ 海洋プレート内地震　▶ 13 ページ

地震の種類

海溝型（プレート境界型）地震

巨大地震や津波を引き起こす地震

　海溝型（プレート境界型）地震は、大陸プレートに海洋プレートが沈み込む境界で起こるものです。海洋プレートが大陸プレートに沈み込むとき、プレート境界がしっかりくっついたまま海洋プレートに大陸プレートが引きずり込まれます。そこにひずみが発生し、これが限界に達すると大陸プレートがはね上がり、地震が起こるのです。

　海溝型（プレート境界型）地震は、巨大地震や津波を引き起こすことが特徴で、マグニチュード 9.5 と観測史上最大規模だった 1960（昭和 35）年のチリ地震や、2011（平成 23）年の東日本大震災（▶ 1 巻 18 ページ）などがこのタイプの地震にあたります。

1
海洋プレートが沈み込む

大陸プレート　海洋プレート

今後起きるといわれている南海トラフ地震もこのタイプだって

2
大陸プレートが引きずり込まれてひずみが生まれる

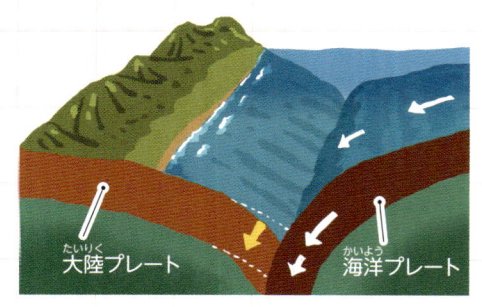

大陸プレート　海洋プレート

プレートがはね上がるんだね

3
元にもどろうとした大陸プレートがはね上がって、地震が起きる

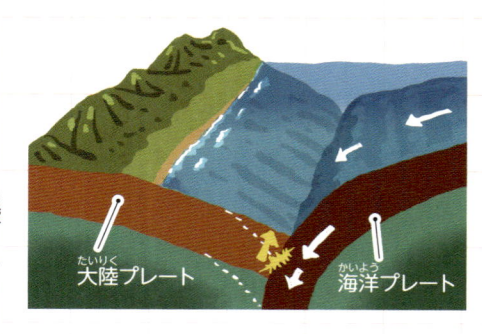

大陸プレート　海洋プレート

海洋プレート内地震

⚠ 発生する場所の予測が難しい地震

海洋プレートが大陸プレートの下に沈み込むときに起こるひずみは、大陸プレートの側だけでなく、海洋プレート側にも起きます。この、海洋プレートに生じたひずみが限界を超えて割れることで発生するのが、海洋プレート内地震です。

海洋プレート内地震は、海底下で起きると津波を伴うことがあります。

過去の地震では、1933（昭和8）年の昭和三陸地震や1994（平成6）年の北海道東方沖地震などが海洋プレート内で発生しました。

大陸プレート

アウターライズ地震

海洋プレート内地震

海洋プレート

揺れが小さくても大きな津波を引き起こすことがあるよ

海洋プレート内地震のなかでも、海溝の海側にある盛り上がったところで起きる地震を「アウターライズ地震」という。陸から遠いため、強い揺れを感じない場合がある

コラム

桜島（鹿児島）

火山でも地震が起こる

地震は、プレート活動や断層で起こるもの以外にも火山で起こる地震があり、「火山性地震」といいます。火山性地震は、火山の噴火や、噴火していなくてもマグマの動きや熱水の活動などによって火山の周辺で発生します。爆発的噴火を伴って発生するものは、爆発地震と呼ばれ、規模が大きいのが特徴です。

内陸で起きる地震

地震の規模が小さくても大きな被害に

内陸で起きる地震は、陸地の岩盤に力が加わってひずみがたまり、岩盤中の断層が急激にずれることで発生する地震です。この地震の原因となる断層には、地表に現れているものと、地下深くにかくれているものがあります。

地表から比較的浅いところが震源になることから、地震の規模が小さくても震源の真上などでは強い揺れとなり、被害が大きくなることがあります。1995（平成7）年に発生して大きな被害を出した阪神・淡路大震災（▶1巻8ページ）や、2024（令和6）年の能登半島地震（▶1巻30ページ）などが、内陸で起きる地震にあたります。

阪神・淡路大震災で現れた野島断層

断層運動の種類

縦ずれ断層

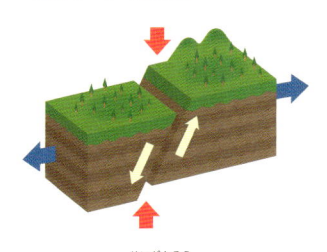

正断層

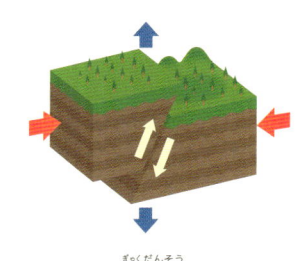

逆断層

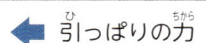

圧縮の力 　 引っぱりの力

断層面が傾いている場合に、そこを境に両側の岩盤が上下方向（縦）に動く。上側の岩盤がずり下がる場合が正断層、のし上がる場合が逆断層。

横ずれ断層

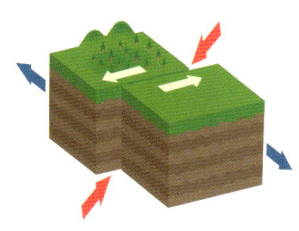

左横ずれ断層

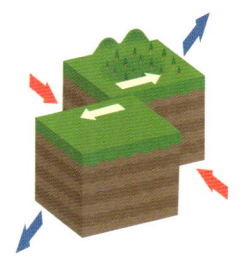

右横ずれ断層

岩盤が接する断層面に対して横の方向にずれる力が加わり、岩盤が水平の方向にずれ動く。一方の地盤から見て、動いた断層が右にずれた場合は右横ずれ断層、左に動いた場合は左横ずれ断層。

文部科学省「地震がわかる！ 防災担当者参考資料」をもとに作成

地震の傷あと 「活断層」 が活動する

およそ200万年前から現在までくり返し活動している断層で、地表で確認できる地震のときの傷あとを「活断層」といいます。活断層の断層面の両側は岩盤がしっかりくっついていますが、いつも大きな力がかかっていて、ひずみがたまり続けています。ひずみが限界になるとくっついていた岩盤が、断層に沿って急速にずれ動きます。

一度ずれ動いて地震が発生すると、ひずみは解消されて、活断層はしばらく岩盤がくっついた状態になります。しかし、再びひずみの限界が来ると、地震が発生します。

約2000の活断層が確認されている

日本列島とその周辺海域には、わかっているだけで約2000の活断層があります。1つの活断層のひずみが限界をむかえて地震が発生するのは、1000年から数万年に1回といわれています。日本列島にこれだけたくさんの活断層があるのは、日本のあちこちで数多くの地震が起きた証拠ともいえます。

活断層が確認されていないところでも地震は起きるよ

— 活断層

地震本部「主要活断層の評価結果」
2024年1月15日公表をもとに作成

地震

地下にある岩盤のひび割れや断層に沿って、短時間に地盤がずれ動く自然現象を「地震」といいます。多くの場合、地震は地下にある岩盤で起こることから、私たちはそれを直接見て感じることはできません。

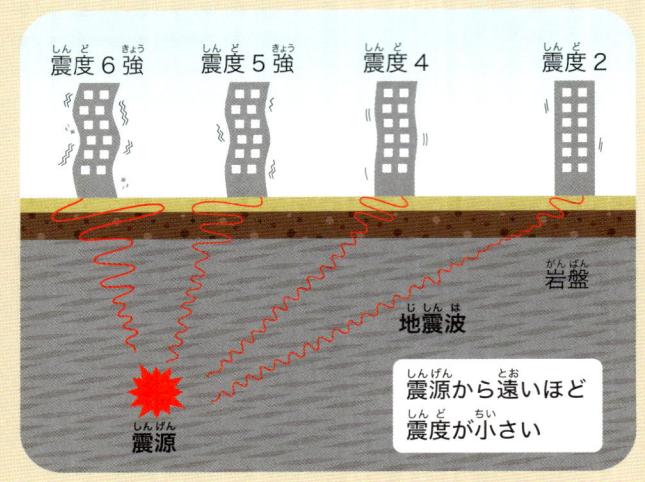

震度6強　震度5強　震度4　震度2

岩盤

地震波

震源から遠いほど
震度が小さい

震源

文部科学省「地震がわかる！防災担当者参考資料」をもとに作成

震度

地震によってその場所がどのくらい揺れたかを表す数値で、「震度0」から「震度7」までの10階級あります（▶ 1巻 10ページ）。同じマグニチュードの地震でも、震源からの距離によって揺れ方や震度の値が違います。また、地盤の状態によっても揺れ方、震度は異なります。

地震用語の違いを知ろう

震源／震央／震源域

地震の原因となる岩盤のずれや割れが、最初に起きた地下の地点を「震源」といいます。「震央」は、地下にある震源の位置をそのまま真上の地上の場所に当てはめたものです。

「震源域」は、震源で起こったずれや割れが広がった範囲のことで、マグニチュードが大きくなるほど、震源域は広くなります。

震央

震源の深さ

震源断層

震源　震源域

文部科学省「地震がわかる！
防災担当者参考資料」をもとに作成

震源からの深さや地盤の特性でも震度の大きさが変わるんだって

マグニチュード

地震の大きさ（規模）を表す数値で、「M」で表します。断層のずれによって放出されたエネルギーと関係しており、ずれた断層の面積やずれ動いた量が大きいほど、マグニチュードの数値は大きくなります。マグニチュードが1つ大きくなると、地震のエネルギーは約32倍になります。

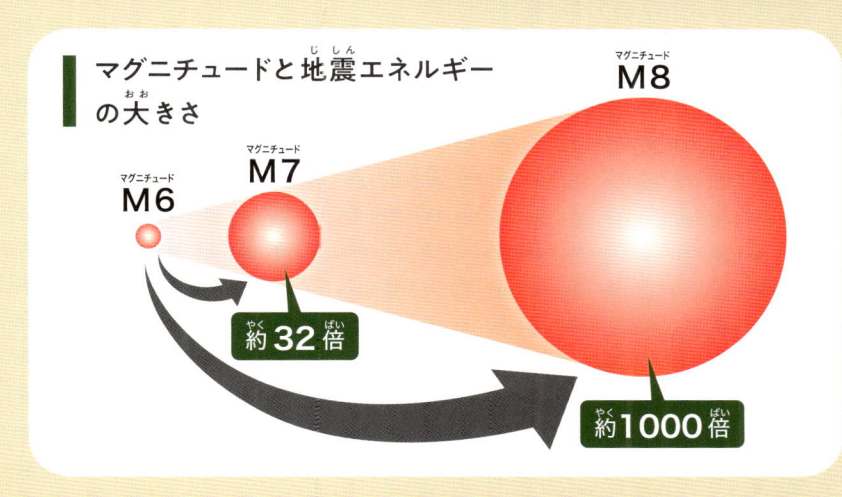

マグニチュードと地震エネルギーの大きさ

マグニチュード M6
マグニチュード M7
マグニチュード M8

約32倍
約1000倍

1つ大きくなるだけでものすごく大きな地震のエネルギーになるんだね

地震に関する言葉には、意味が違っているのに似た印象を受けるものも少なくありません。それぞれの用語の意味と違いについて理解を深めましょう。

前震

本震が起こるよりも前に発生する地震を「前震」といい、本震発生の直前から数日前、場合によっては1か月以上も前に起こることもあります。本震に比べて規模は小さく発生回数も少ないですが、何度も起こって被害を出すことがあります。

本震

大きな地震が起こったときには、それに引き続き地震が数多く発生することがあります。そのような場合に、最も大きな規模となった地震を「本震」といいます。

ある程度時間がたって地震活動を整理したときに「前震」「本震」「余震」が区別されるんだよ

余震

規模の大きな地震に続いて起きるのが「余震」です。本震が起こった直後に数多く起き、1週間程度は最初の大地震と同じくらいの規模の地震が起こることもあります。時間が過ぎるとともに発生する頻度が低くなること、本震の規模が大きいと余震が収まるまでの時間がかかることなどが特徴です。

地震の揺れ

地震波

小さくて速いP波と大きくて遅いS波

地震が起こるときに、岩盤がずれたり割れたりして動くことによって揺れが発生します。この揺れは、波のように周囲に伝わることから、「地震波」といいます。

地震の揺れが伝わる速さは、地震波の種類によって異なります。P波は、揺れそのものは小さいですが地中を伝わる速さは速く（秒速5〜7km）、S波の揺れは大きいものの伝わる速さは遅い（秒速3〜4km）のが特徴で

す。このため、自分のいるところから離れた場所で大きな地震が起きた場合、まずP波がカタカタとした小刻みな縦の揺れとして伝わり、その後、速度の遅いS波がゆらゆらとした大きな横方向の揺れとして伝わるのです。

なお、地震で大きな被害をもたらすのは、おもにS波です。P波の小さな揺れを初期微動と呼び、S波の大きな揺れを主要動と呼ぶこともあります。

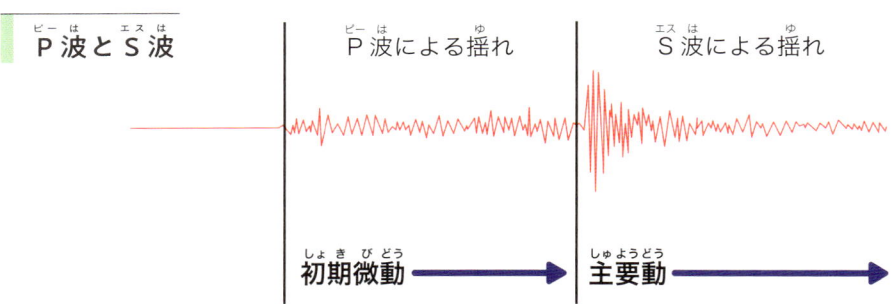

P波とS波　　　P波による揺れ　　　S波による揺れ

初期微動　→　主要動　→

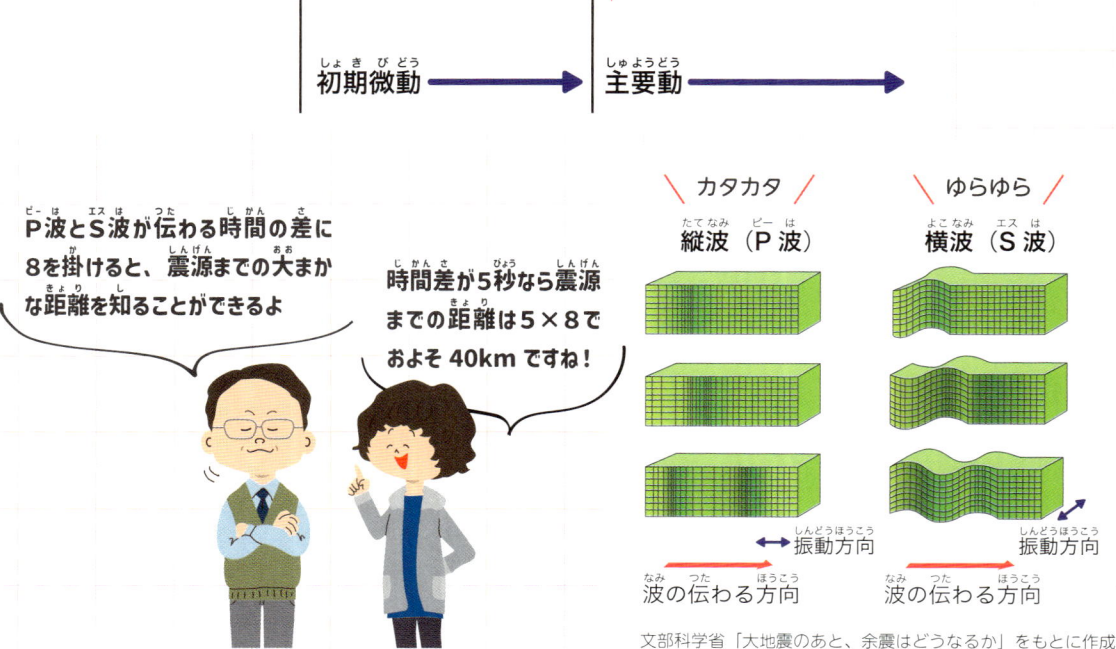

P波とS波が伝わる時間の差に8を掛けると、震源までの大まかな距離を知ることができるよ

時間差が5秒なら震源までの距離は5×8でおよそ40kmですね！

\ カタカタ /　縦波（P波）

\ ゆらゆら /　横波（S波）

振動方向　　　波の伝わる方向

文部科学省「大地震のあと、余震はどうなるか」をもとに作成

長周期地震動

震源から離れていても大きく揺れる

日本の周りで起こる地震の大きな揺れは、短ければ数秒、長くても1分ほどです。これに対して、数分間にわたってゆらゆらとした揺れが続くことがあります。このような揺れを長周期地震動といいます。高層ビルや大きな橋、石油タンクなどの大きな建造物は、地震の揺れに共振＊し、建造物が大きく揺れるため危険です。

長周期地震動は、揺れる時間の長さに加えて震源から遠いところにまで伝わり、震源から遠く離れていても大きな揺れの幅が感じられるのが特徴です。

たとえば、東日本大震災のとき、震源から約770km離れた大阪の高層ビルの最上階が3m近く横に揺さぶられました。

周期による揺れの違い

短い周期の地震の揺れ

低い建物のほうが揺れが大きい

「周期」は揺れが1往復するのにかかる時間のことだよ

長い周期の地震の揺れ

高層ビルは上の階のほうが揺れが大きい

気象庁「長周期地震動とは？」をもとに作成

長周期地震動階級

長周期地震動は、地震が発生したときの高層ビル内での行動の困難さの程度や、家具などの転倒被害の程度の大きさを表した4段階の指標があり、これを「長周期地震動階級」といいます。

非常に大きな揺れとなる「長周期地震動階級3」以上を予想した場合にも、緊急地震速報が発表されます（▶20ページ）。

立っていることが難しいほどの揺れが長周期地震動階級3なんだって

＊ 共振……建物にそれぞれ揺れやすいタイミング（周期）を持ち、この周期と地震の揺れがぴったり合うことで大きく揺れる

緊急地震速報

大きな揺れの発生を事前に知らせるしくみ

　地震が起きたとき、その揺れが最大震度5弱以上または最大長周期地震動階級3以上と予想された場合に、緊急地震速報（警報）が発表され、テレビ、ラジオ、携帯電話などで伝えられます。

　緊急地震速報は、P波とS波の地震波（▶18ページ）の速さの差を利用して、地震計が震源近くでP波をとらえ、震源の位置や地震の大きさ、予想される揺れの強さなどを素早く自動的に計算します。そのうえで、P波よりも遅れて伝わる、S波によって引き起こされる強い揺れが始まる数秒から数十秒前に、揺れの発生を伝えるしくみです。

　ただし、震源に近い地域では、緊急地震速報が間に合わないこともあります。

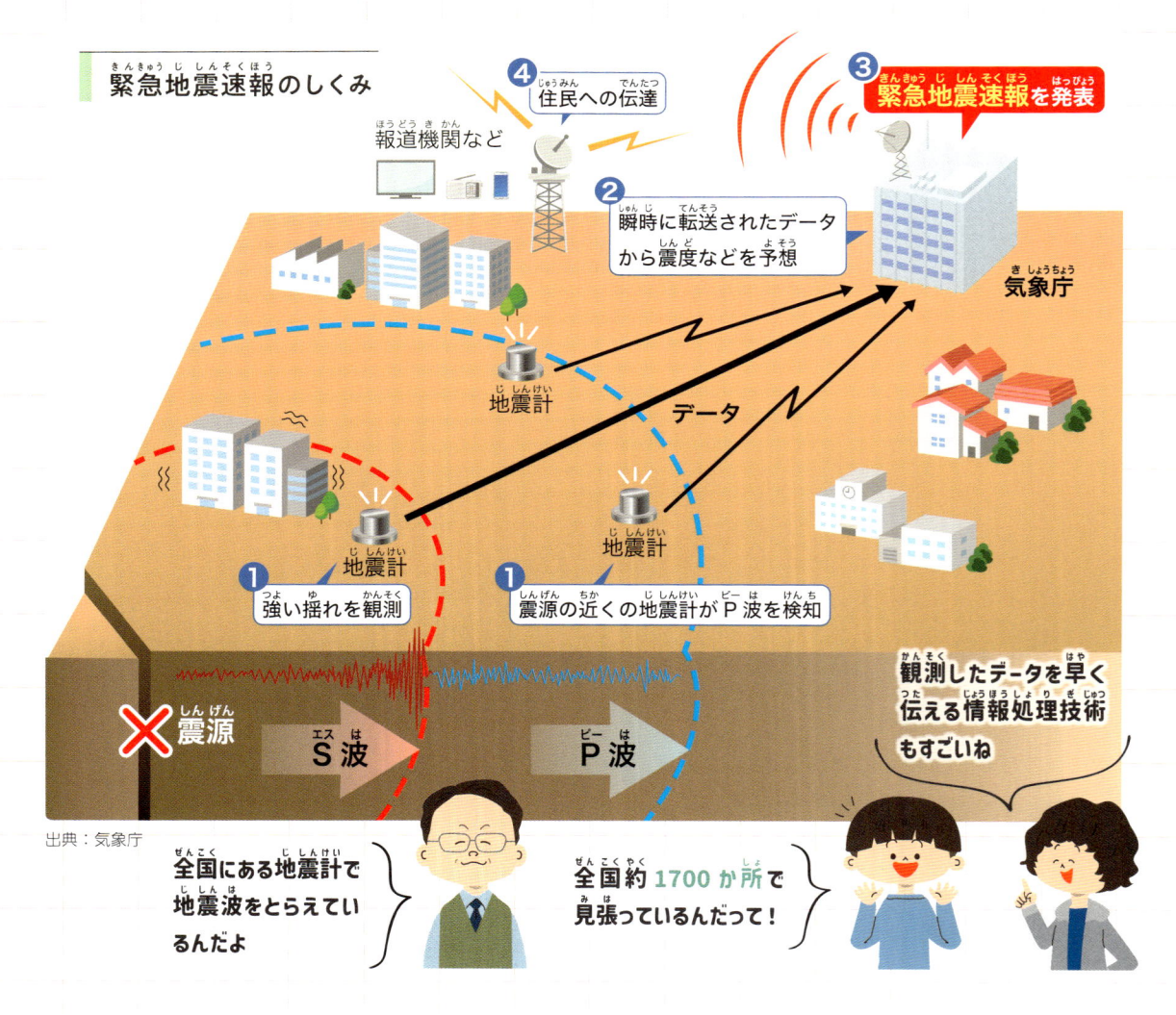

緊急地震速報のしくみ

④ 住民への伝達
報道機関など

② 瞬時に転送されたデータから震度などを予想

③ 緊急地震速報を発表
気象庁

① 強い揺れを観測

① 震源の近くの地震計がP波を検知

データ
地震計

× 震源　S波　P波

観測したデータを早く伝える情報処理技術もすごいね

出典：気象庁

全国にある地震計で地震波をとらえているんだよ

全国約1700か所で見張っているんだって！

地震災害ってなに？

▶ 災害は人が暮らす場所で起こる

地震による災害には、建物の倒壊、土砂災害や液状化現象、火災、津波などがあります（▶ 3巻 10 ～ 15 ページ）。

地震災害は、地震に伴う揺れや地形の変化が原因です。そのような現象に加えて、そこに人々が暮らす地域があり、また、その地域が災害の影響を受けやすい街づくりだったりする場合に、災害が発生します。

つまり、無人島や災害への備えが十分に整えられた地域では、地震が発生しても災害にならない、あるいは災害の規模は小さくなります。

地震がいつ起き、どれくらいの規模になるのかの予測は難しいですが、地震災害に備えることはできます。被害を減らすための街づくりや、耐震技術などの研究、開発が日々進められているのはそのためです。

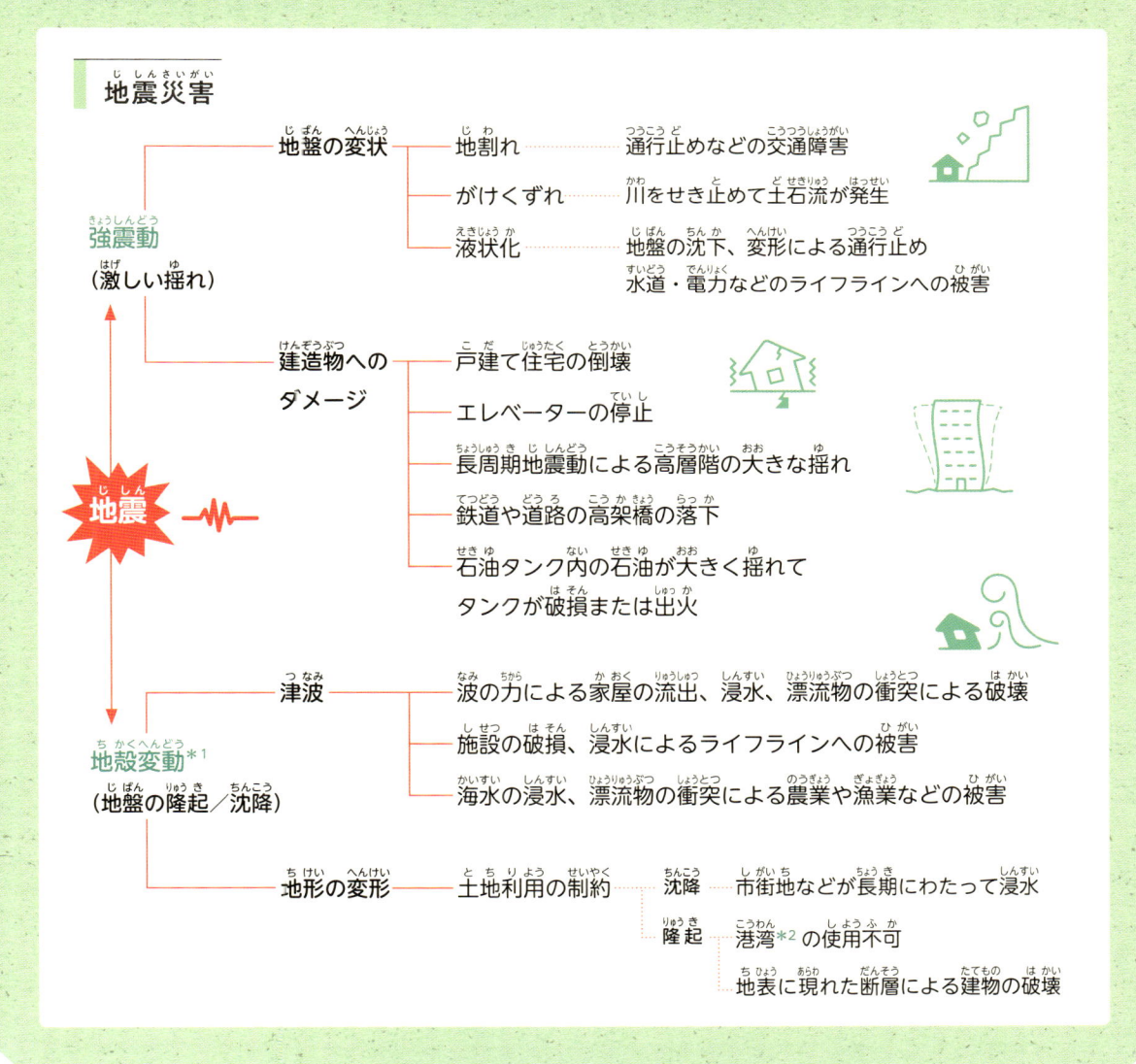

地震災害

強震動（激しい揺れ）

- **地盤の変状**
  - 地割れ — 通行止めなどの交通障害
  - がけくずれ — 川をせき止めて土石流が発生
  - 液状化 — 地盤の沈下、変形による通行止め
    - 水道・電力などのライフラインへの被害
- **建造物へのダメージ**
  - 戸建て住宅の倒壊
  - エレベーターの停止
  - 長周期地震動による高層階の大きな揺れ
  - 鉄道や道路の高架橋の落下
  - 石油タンク内の石油が大きく揺れてタンクが破損または出火

地殻変動 *1（地盤の隆起／沈降）

- **津波**
  - 波の力による家屋の流出、浸水、漂流物の衝突による破壊
  - 施設の破損、浸水によるライフラインへの被害
  - 海水の浸水、漂流物の衝突による農業や漁業などの被害
- **地形の変形 — 土地利用の制約**
  - 沈降 — 市街地などが長期にわたって浸水
  - 隆起 — 港湾 *2 の使用不可
  - 地表に現れた断層による建物の破壊

地震

* 1 地殻変動……地球の表面の層（地殻）に力が加わることで、地殻が変形したり動いたりすること
* 2 港湾……船の発着や停泊が行われ、貨物や人を積み降ろす設備があるところ

地震の揺れや災害に備える技術

🏠❗ 耐震・制震・免震の違い

　地震が多い日本では、激しい揺れで建物が壊れないように耐震・制震・免震などの揺れから建物を守る対策がとられています。

　「耐震」とは、建物の壁や柱などの強さを高めて、建物全体で揺れにたえる構造のことです。「制震」は、ダンパーという材料を利用して地震で起こった揺れのエネルギーを吸収し、小さくするしくみをいいます。「免震」は、建物と地面の間にゴムを積み重ねた免震装置を入れることで、地面から建物に直接伝わる地震エネルギーを小さくして揺れを伝えないしくみです。

地震に備えた構造

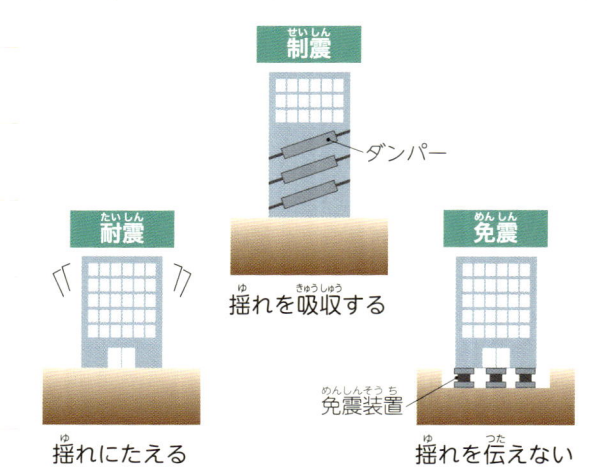

制震
ダンパー

耐震
揺れにたえる

免震
免震装置
揺れを伝えない

揺れを吸収する

住まい

私たちの住まいも耐震基準を定める法律のもと、設計されています（▶1巻35ページ）。

学校

公立学校の多くは地域の人々の避難所になります。そのため、建物の耐震化が義務づけられています。

地震による被害を少しでも少なくするために、建物や施設などの建造物、電気・ガス・水道・通信といったライフラインを守り、人命を救う技術が発展してきました。ここでは地震の揺れや災害に備える技術を紹介します。

私たちの住まいやまわりの建物、鉄道、空港などは地震への備えがとられているよ。くわしく見てみましょう

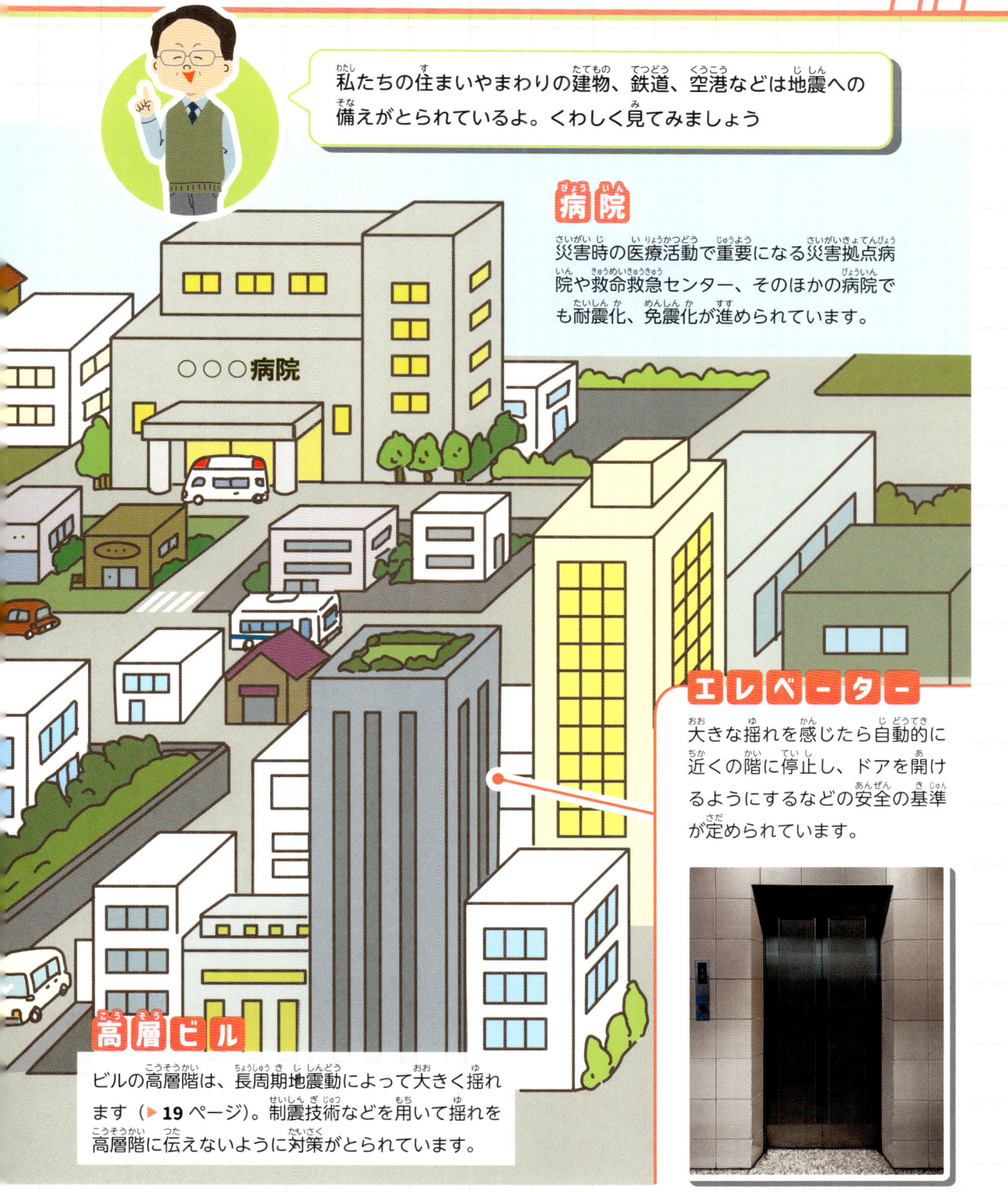

病院

災害時の医療活動で重要になる災害拠点病院や救命救急センター、そのほかの病院でも耐震化、免震化が進められています。

エレベーター

大きな揺れを感じたら自動的に近くの階に停止し、ドアを開けるようにするなどの安全の基準が定められています。

高層ビル

ビルの高層階は、長周期地震動によって大きく揺れます（▶ **19** ページ）。制震技術などを用いて揺れを高層階に伝えないように対策がとられています。

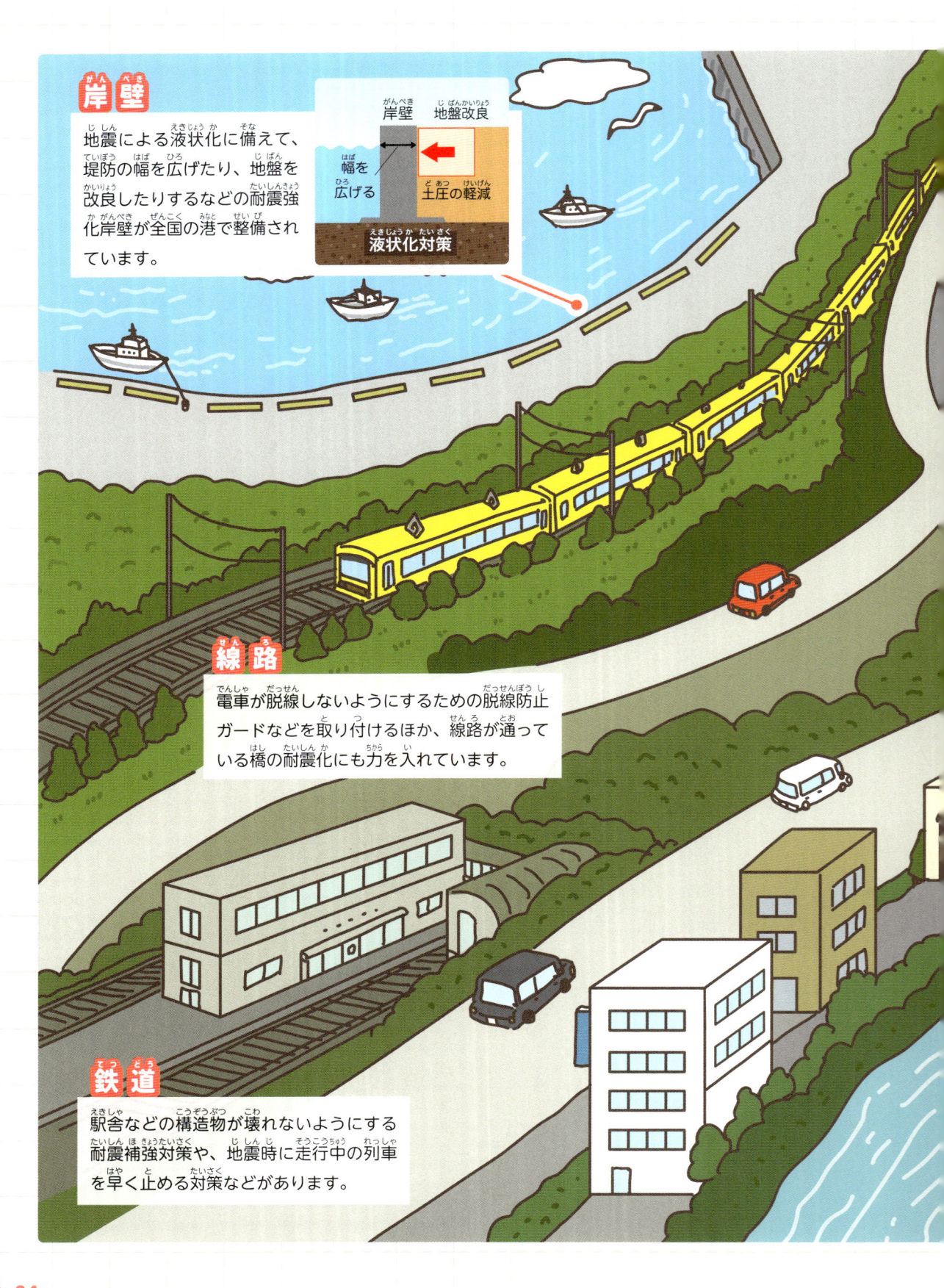

岸壁

地震による液状化に備えて、堤防の幅を広げたり、地盤を改良したりするなどの耐震強化岸壁が全国の港で整備されています。

岸壁　地盤改良
幅を広げる　土圧の軽減
液状化対策

線路

電車が脱線しないようにするための脱線防止ガードなどを取り付けるほか、線路が通っている橋の耐震化にも力を入れています。

鉄道

駅舎などの構造物が壊れないようにする耐震補強対策や、地震時に走行中の列車を早く止める対策などがあります。

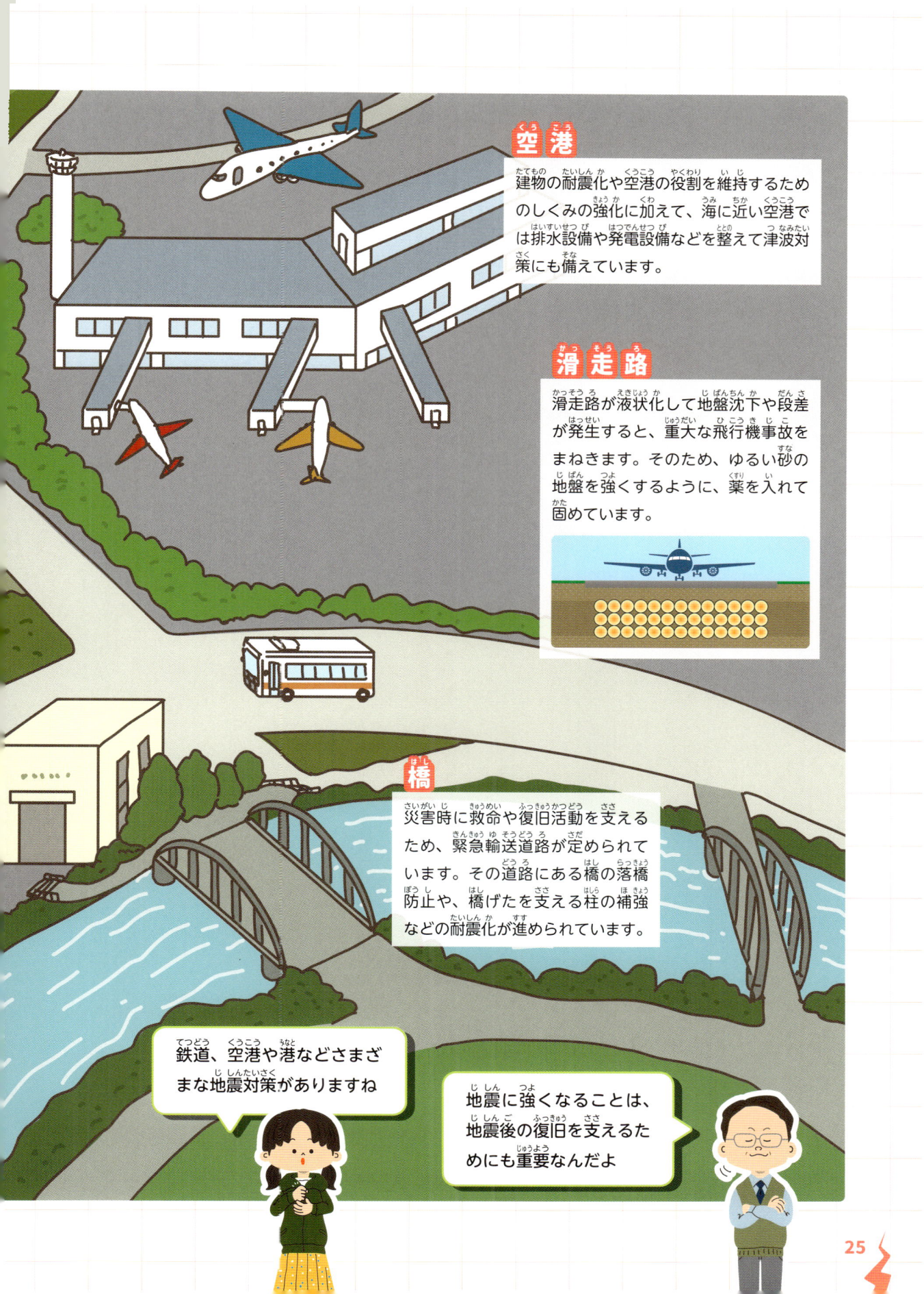

空港

建物の耐震化や空港の役割を維持するためのしくみの強化に加えて、海に近い空港では排水設備や発電設備などを整えて津波対策にも備えています。

滑走路

滑走路が液状化して地盤沈下や段差が発生すると、重大な飛行機事故をまねきます。そのため、ゆるい砂の地盤を強くするように、薬を入れて固めています。

橋

災害時に救命や復旧活動を支えるため、緊急輸送道路が定められています。その道路にある橋の落橋防止や、橋げたを支える柱の補強などの耐震化が進められています。

鉄道、空港や港などさまざまな地震対策がありますね

地震に強くなることは、地震後の復旧を支えるためにも重要なんだよ

早期地震検知警報システム

日本の鉄道の安全を「ユレダス」が守る！

東海道新幹線のぞみ

地震の揺れから鉄道を守るしくみが、早期地震検知警報システム「ユレダス（UrEDAS）」です。これは、地震波のP波やS波を検知すると、変電所から列車へ送られる電気が自動的に停止するとともに、列車の非常ブレーキが作動して停止するというものです。

ユレダスは1992（平成4）年から運行が始まった東海道新幹線「のぞみ」で実用化され、その後、山陽新幹線や東北新幹線などに導入されました。

さらに早く警報を出す「フレックル」

現在、ユレダスの機能を受けつぎながら発展させた、「フレックル*（FREQL）」が、早期地震警報システムとして広まっています。鉄道だけでなく、全国の消防、警察、原子力発電所などにも導入されています。いち早く地震を検知して警報を出すことで、地震災害や二次災害を防ぐことに役立っています。

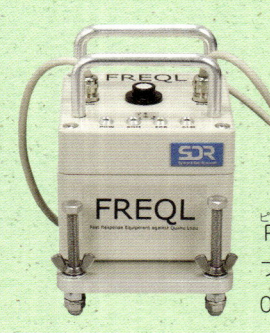

P波を検知したフレックルは最速0.1秒で警報を発令

早期地震検知警報が出されるしくみ

地震発生

↓

地震を検知

→ 地震情報・警報を送る →

モニタ装置

→ 警報機が鳴る

→ 列車や機器を制御する

→ 館内放送などの音声で伝える

地震後にできた！

実物大の建物や建造物を揺らして実験

　阪神・淡路大震災や東日本大震災クラスの巨大な揺れを再現できる、世界でも有数の施設が実大三次元震動破壊実験施設、通称「Ｅ－ディフェンス」です。

　ここでは、実物と同じ大きさの建物や構造物に対して、地震の揺れを前後・左右・上下から直接与えることで、どのような建物がどのような揺れで壊れるのかについてさまざまなデータを得ることができます。その研究結果が、建物の地震対策に活かされています。

2023（令和 5）年 2 月に実施した
10 階建て鉄骨造の実験

計測制御室

阪神・淡路大震災後に、この施設がつくられたんですね

ここでは最大で 10 階建てのビルと同じ高さの構造物を使って実験ができるんだよ

生活に欠かせない電気やガス、水道、通信などのライフラインも、地震災害に備えた技術があるよ

感震ブレーカー付き分電盤

ここが感震ブレーカー

電気

地震火災の多くは、電気が原因です。停電から復旧して電気が流れたときに、断線しているところから火花が出てまわりの物に引火（通電火災）することがあるのです。これを防ぐために、大きな地震を感知すると自動的にブレーカーを落として電気を止める「感震ブレーカー」の導入が進んでいます。

ガス

都市ガスでは、地震に強いポリエチレン製ガス管（PE管）の導入が進んでいます。さらに、都市ガスとプロパンガス（LPガス）ともに、強い揺れを感じると自動的にガスの供給を停止して安全を守る「マイコンメーター」が設置されています。

マイコンメーター

PE管

水道

上下水道では、地震に強い水道管への取りかえや施設の耐震化が進められています。また、液状化現象（▶3巻 14 ページ）でマンホールが浮き上がらないようにする工事（フロートレス工法）が、通学路や災害時に緊急車両の通る道路を中心に進められています。

通信

地震で携帯電話やインターネットなどがつながらないとき、通信会社が移動基地局車などで通信サービスを維持します。また、災害発生時には Wi-Fi が誰でも無料で利用できるようになる、「00000JAPAN（ファイブゼロジャパン）」のしくみも整備されています。

Wi-Fi が使えると安心だね！

津波

津波は、地震に伴う海底の隆起・沈降や海底の地すべりなどにより、海岸に大きな波が押し寄せる現象です（▶3巻10ページ）。
　東日本大震災（▶1巻18ページ）の津波の被害を教訓に、「頻度の高い津波」と「最大クラスの津波」の2段階の防災レベルが導入され、各地で対策や整備が進んでいます。

防潮堤

　津波の力を弱めるためのコンクリート製の海の堤防。津波が来ても壊れにくい構造にするため、❶防潮堤うら側をコンクリートで固める、❷コンクリートを厚くする、❸堤防うら側の角度をゆるやかにする、❹防潮堤の基礎を深く入れる、などが行われています。

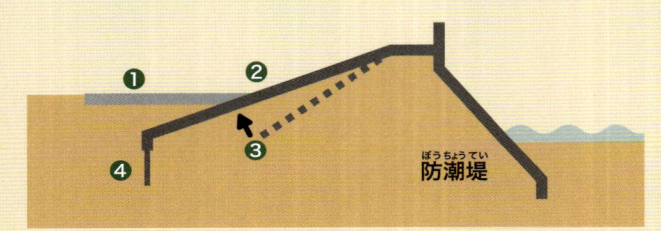

防潮堤

堤防の土台がけずられにくい工夫がされているよ

陸こう

　堤防を横断する道路に設置されている、防潮堤の陸上ゲート。津波や高潮によって海の水位が高くなると、通常は車などが通るために開いているゲートを閉めて、海水が街に入るのを防ぎます。操作する人が逃げ遅れないように、ゲートの開閉を離れたところから操作する装置の整備が進められています。

津波避難タワー

　高台や浸水域外の避難場所までの避難に時間がかかる地域に建てられた、緊急的に一時避難する場所です。数mから十数mの高さの鉄製のタワーの上に、避難できるスペースがあります。最近では、歩道橋兼用タイプなどの津波避難タワーもあります。

守る技術

地すべり

山などの斜面がそのまま下の方にすべり落ちていく現象を「地すべり」といいます（▶3巻12ページ）。地すべりは、斜面が大きなかたまりのまま動きます。すべり落ちた土砂は、ふもとの家を押しつぶしたり、川をせき止めて上流に水がたまって周りの土地が水に浸かったり、たまった水が土砂を一気に押し流して、土石流が発生したりします。

これらを防ぐために、鋼材*などを使った土木技術で対策が行われています。

1 治山ダム

土砂の流出を防ぐためにつくられた、水をためないダム。

2 アンカー工

アンカーと呼ばれる鋼材を斜面に打ち込み、コンクリートの枠でおさえる工事の方法。

3 杭工

地すべりが起きたときに土砂の流れに抵抗できるように、斜面に杭を打つ工事の方法。

* 鋼材……建築や土木のために板や棒、管などに加工した鋼鉄

被害状況の確認や災害から救う技術

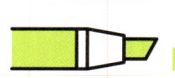

被害状況を知る

合成開口レーダー

宇宙から地上の変化を観測する

合成開口レーダーとは、人工衛星などに積んだアンテナから地上に向けてレーダーの電波を送り、はね返った電波によって地形や建物などの構造物の状態を画像に表す技術のことです。

合成開口レーダーは、雲があっても夜でも地表の様子がわかります。そのため、地震の前とあとの地表から衛星までの距離の変化によって、地震の被害情報を集めることができます。また、被害状況がわかるだけでなく、地面にどんな変化（変形）があったかという地殻変動もわかるのです。

現在、2014年に打ち上げられた陸域観測技術衛星「だいち2号」と、その発展型で2024年に打ち上げられた「だいち4号」に合成開口レーダーがのせられていて、災害時に活用されています。

陸域観測技術衛星「だいち2号」

©JAXA

2024（令和6）年の能登半島地震では、合成開口レーダーで最大4m隆起した場所があったことがわかったんだ。海底が持ち上がって陸地になった範囲までわかるんだよ

地震災害が起こったときには、まず通信技術やドローンなどを活用して被害の状況を確認します。そのうえで、特別な車両やロボットなど、新しい技術を活かした機材を活用して、救助や救援を求める人たちを助け、復旧を支援します。

監視カメラ／防災ヘリコプター

現地の被災の様子を映像で知る

国土交通省の防災ヘリ「みちのく号」

巨大地震などによる大きな災害が起こったときに、現地の被災状況を知る手がかりになるもののひとつが、河川や道路などの管理用のネットワークで使用されている監視カメラの映像です。また、防災ヘリコプターや航空機などが出動して撮影する映像も、貴重な情報になります。

素早く情報を集めて復旧などに取り組む国土交通省の「TEC-FORCE」が活躍するよ　▶ 1 巻 17 ページ

能動スコープカメラ

せまいところを映像で捜索

がれきを乗り越え、倒れた建物の下敷きになった人を探すときなどに活躍するのが、ヘビ型ロボットの「能動スコープカメラ」です。長さ 8 m で、先端についたカメラで、被災現場の映像を送りながら人を見つけ出します。

先端から空気を吹き出すことで、20cm ほど浮いた状態でがれきの中を進むこともできます。

ドローン

被災状況確認から捜索まで

防災に関わる技術のなかでも近年、急速に進歩・普及しているドローン（無人航空機）には、被災状況の確認から捜索まで、地震災害での活用が期待されています。

ヘリコプターに比べて、ドローンは準備に時間がかからない、離着陸に広い場所を必要としない、運行経費が少ないなどの特長があります。

被災状況の確認や調査

ヘリコプターや航空機に比べて短い時間で出動でき、低い高度を飛びます。カメラを搭載することで、被災状況の確認や調査が可能です。

倒壊した家屋の内部調査や捜索

手のひらに乗るような小型のドローンは、小回りがききます。人が行うと危険な倒壊した家屋の内部調査や救助者の捜索を、安全に行うことができます。

物資の輸送

道路が寸断されたり港が使えなかったりして陸上や海からの輸送が難しい地域に対しても、空を飛ぶドローンなら薬などの物資が届けられます。

2024（令和6）年に起きた能登半島地震ではドローンがかなり活躍したよ

物資も届けられるなんてすごいですね

被災地で活躍

車両／機器

水道や道路などのライフラインが使えなくなってしまったときには、特別な車両や機器が活躍します。

トイレカー

水が使えない被災地ではトイレの問題は深刻です。そこで開発されたのが、車の中に個室トイレを備えたトイレカーです。水や化学薬品などを使うことなく、自動的に排せつ物を密閉することで、においや菌の発生を防ぐ、安全で衛生的なポータブルトイレを装備しています。

野外炊具1号（改）

約200人分のごはんやおかずなどを同時に、45分以内に調理できる陸上自衛隊の炊事専用の車両。災害派遣先で、被災者への炊き出しに使われます。

道路啓開用4輪駆動レッカー車

道路をふさぐ障害物を移動させて、緊急車両などの通行を可能にする（啓開）ための車両。小さな車体で重さ50ｔの大型車両を移動させるパワーがあります。最大5.1ｍの高さから、また、上下左右あらゆる方向から障害物の撤去を行います。

水循環型シャワー

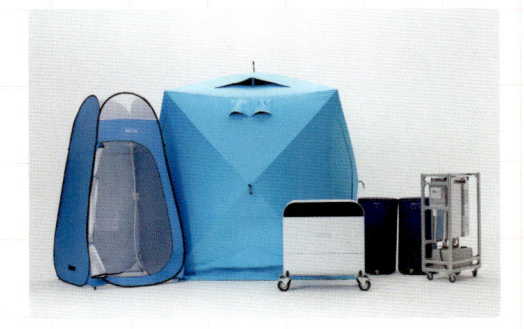

上下水道が断水したときでも使うことができる、持ち運べるシャワーです。一度使った水の98％以上をその場でリサイクルして再び使える水に変えるため、少ない水でくり返し使うことができます。被災地の衛生面をサポートします。

小型重機

トラックの荷台に積んで運ぶことができる重さ３ t 以内の小型重機は、被災地のさまざまな場面で活躍します。

小型ショベルカー

土を掘るための機械です。アームの先端についたバケットで土砂をかき出したり、バケットから物をつかむつかみ機に交換することで、がれきを取り除くこともできます。建物を壊さずに家の中にたまった土砂を取り除く作業でも活躍します。

ホイールローダー

たくさんの土砂やがれきなどをすくい、持ち上げる機械です。持ち上げたものをダンプカーに積んだり、そのまま他の場所に移動させたりすることが得意。足もとがタイヤなので、スムーズに走行できます。

コラム

求められる重機ボランティア

　家屋が倒壊すれば、かたづけごみ（▶ 3 巻 36 ページ）を運び出さなければ生活ができません。土砂災害が発生すれば、ライフラインを寸断し、道をふさいでしまいます。そんなときに活躍するのが、重機です。
　重機を扱うには資格が必要なため、災害ボランティアに参加する人の中で、重機を操作できる人の数が少ないのが現状です。被災地では、小回りのきく小型重機の必要性が高く、各地で講習会なども行われています。

災害支援ロボット

人が入れない場所やできないことをになう、災害現場で活躍するロボットの開発が進んでいます。

電動遠隔解体ロボット

作業が難しいせまい場所で、人の手を使わずに遠隔操作で解体作業ができる解体ロボットです。無線状態で 50m ほど離れて操作して、車体を自由に動かすことができます。電動式なので、排気ガスが問題になる屋内でも活躍します。

先端をカッターなどに
つけかえれば、さまざ
まな物が解体できる

建設機械の運転席にのせてリモコンの無線で操作すると、人間にかわって運転を行うことができるロボットです。

このロボットは約 50kg あり、ゴム製の人工筋肉を使って人間と同じような動きをします。危険な場所でも、離れたところから重機を安全に操作することができます。

ゴム人工筋肉の無線操作ロボット

東日本大震災の津波で被害を受けた福島第一原子力発電所の廃炉作業でも使われているよ

危険な現場での作業や応急処置を安全に行うために開発された

リモコン

サイバー救助犬

災害時に人を探す訓練を受けた救助犬に、さまざまなセンサーを備えたサイバー救助スーツを着せ、救助能力を強化したのがサイバー救助犬です。位置を知らせる GPS や映像を送るカメラを備え、ほえた場所をマッピングして救助者の位置を知らせることもできます。

ワンッ！

さくいん

監修　土井恵治（どい・けいじ）

一般社団法人土佐清水ジオパーク推進協議会 事務局長。京都大学大学院理学研究科修士課程修了後、気象庁に就職。地震や火山の分野を長く経験し、東京大学地震研究所に助教授として一時在籍。地震や火山噴火のしくみ、予測技術などの技術開発現場で、地震調査研究推進本部の立ち上げ、緊急地震速報の導入など最先端の現場で活躍。2021年から土佐清水ジオパークに参加。最先端の難しい事柄をかみ砕いてわかりやすく伝えることを心掛けている。監修本に『地震のすべてがわかる本 発生のメカニズムから最先端の予測まで』（成美堂出版）等がある。

おもな参考資料・文献・サイト

『Newton 別冊 最新予測巨大地震の脅威』ニュートンプレス
『いつ？どこで？ビジュアル版巨大地震のしくみ ① 地震はなぜ起きるの？』国立研究開発法人海洋研究開発機構（JAMSTEC）監修 佐久間博編著／汐文社
『しくみ図解シリーズ 耐震・制震・免振が一番わかる』髙山峯夫、田村和夫、池田芳樹著／技術評論社
『土木のずかん 災害に備えるわざ』速水洋志、水村俊幸、稲垣正晴、吉田勇人著／オーム社
「地震がわかる！ 防災担当者参考資料」文部科学省
『防災士教本』認定特定非営利活動法人 日本防災士機構
気象庁HP／国土交通省HP／国土交通省国土地理院HP／地震本部HP／防災科学技術研究所HP

写真協力

土井恵治、JAMSTEC/IODP、㈱システムアンドデータリサーチ、防災科学技術研究所 E－ディフェンス、パナソニック㈱、東京ガスネットワーク㈱、JAXA、東北地方整備局震災伝承館、東北大学、国際レスキューシステム研究機構、㈱ Liberaware、ブルーイノベーション㈱、㈱エアロネクスト、㈱トイファクトリー、陸上自衛隊、㈱ヤマグチレッカー、WOTA ㈱、災害 NGO 結、㈱アクティオ、コーワテック㈱、東北大学タフ・サイバーフィジカル AI 研究センター 大野和則、PIXTA、PHOTO AC

地震と私たちの暮らし
②守る・救う技術

2025年3月10日発行　第1版第1刷©

監　修	土井 恵治
発行者	長谷川 翔
発行所	株式会社 保育社
	〒532-0003
	大阪市淀川区宮原3－4－30
	ニッセイ新大阪ビル16F
	TEL 06-6398-5151　FAX 06-6398-5157
	https://www.hoikusha.co.jp/
企画制作	株式会社メディカ出版
	TEL 06-6398-5048（編集）
	https://www.medica.co.jp/
編集担当	中島亜衣／二畠令子
編集協力	株式会社ワード
執　筆	瀬沼健司／有川日可里（株式会社ワード）
装幀・本文デザイン	西野真理子（株式会社ワード）
イラスト	池田蔵人
校　閲	株式会社文字工房燦光
印刷・製本	日経印刷株式会社

ISBN978-4-586-08684-9　　　　　　　　　　Printed and bound in Japan
乱丁・落丁がありましたら、お取り替えいたします。